Ina Bartels

Wirtschaftsgeographie Japans: Die Bedeutung der Keiretsu für die japanische Wirtschaft im zeitlichen Wandel

Eine Analyse unter besonderer Berücksichtigung der Zeit nach der Asienkrise

GRIN Verlag

Impressum:

Copyright © 2008 GRIN Verlag GmbH
Druck und Bindung: Books on Demand GmbH, Norderstedt Germany
ISBN: 978-3-640-28417-7

Wirtschaftsgeographie Japans

Die Bedeutung der Keiretsu für die japanische Wirtschaft im zeitlichen Wandel: Eine Analyse unter besonderer Berücksichtigung der Zeit nach der Asienkrise

Bartels, Ina

Master of Education

Fachsemester: 01

Nebenfach: Deutsch

Vorlesung: Wirtschaftsgeographie Japans

Institut für Wirtschaftsgeographie

SS 08

Inhaltsverzeichnis

Abbildungsverzeichnis

1 Einleitung

Die Keiretsu –Unternehmenskonglomerate – bilden das Rückgrat der japanischen Volkswirtschaft. Als Nachfolger der Zaibatsu bestimmen sie das Erscheinungsbild der Wirtschaftsstruktur. Die folgende Hausarbeit mit dem Thema „Die Bedeutung der Keiretsu für die japanische Wirtschaft im zeitlichen Wandel: Eine Analyse unter besonderer Berücksichtigung der Zeit nach der Asienkrise" soll den Einfluss des Produktionssystems auf die japanische Volkwirtschaft vor und nach der Asienkrise analysieren. Entscheidend ist dabei die Betrachtung der Beziehungsverflechtung zwischen Keiretsu, Politik, Ministerialbürokratie und der Weltwirtschaft. Eine anfängliche Abgrenzung der Schlüsselbegriffe ist dabei Grundlage der Hausarbeit. Anschließend soll eine Analyse der Bedeutung von Keiretsu für die Volkswirtschaft Japans vor und nach der Asienkrise vorgenommen werden. Eine abschließende Betrachtung der Zukunftsaussichten der Keiretsu sowie eine Zusammenfassung runden die Überlegungen ab.

2 Definition

Um die theoretischen Grundlagen dieser Hausarbeit abzudecken, sollen in der Folge die wichtigsten Begriffe definiert und kurz analysiert bzw. beschrieben werden.

2.1 Keiretsu

Wortwörtlich übersetzt bedeutet der Begriff Keiretsu *System* oder *Reihe* und deutet auf eine *„systematische (An-) Ordnung von Einzelteilen nach einem bestimmten System, einer Gesetzmäßigkeit hin" (BREUER 2002:7)*. Diese Übersetzung bildet die Grundstruktur eines Keiretsu ab. Es handelt sich dabei um verschiedene Formen der Unternehmensbeziehungen (Unternehmenskonglomerate) oder auch um die *„japanische Bezeichnung für eine Gruppe bzw. einen Verbund selbständiger Unternehmen in einer Netzwerkbeziehung mit einheitlich koordinierten Unternehmensstrategien" (LESER 2005:422)*. Kennzeichnend für diese Unternehmenskonglomerate sind zwar ihre Netzwerkstrukturen, *„diese Verbindungen sind allerdings locker"*, sodass *„die Unternehmen keiner einheitlichen Willensbildung unterliegen und damit keine wirtschaftliche Einheit in Form eines Konzern bilden." (BREUER 2002:1)*.

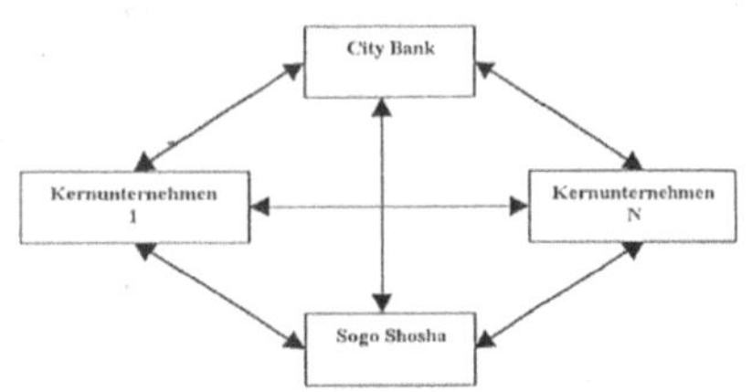

Legende: → = Minderheitsbeteiligung an

Abbildung 1: Beteiligunkstruktur in horizontalen Keiretsu (Quelle: BREUER 2001:18)

Charakteristisch für diese japanischen Produktionssysteme sind einmal die Unterscheidung in zwei Haupttypen: den horizontalen und vertikalen Keiretsu. Diese vertikale Firmenverbände differenzieren sich weiterhin in produktions-orientierte und distributions-/marketing-orientierte Keiretsu.

Kennzeichnend für horizontale Keiretsu ist die Gruppierung der Unternehmen um eine Groß-bank. Außerdem umfassen das Unternehmenskonglomerat Stammunternehmen aus verschie-denen Branchen sowie mindestens ein Großhandelshaus (*Sôgô Shôsha*). Das Erscheinungsbild und die Struktur sowie der Grad der Bindung der Keiretsu sind innerhalb der verschiedenen Gruppen unterschiedlich. Horizontale Keiretsu versuchen möglichst in allen wichtigen Bran-chen ein Unternehmen zu platzieren (*One-Set-Principle*). Die einzelnen Unternehmen sind untereinander durch das Halten von Aktienpaketen (*Cross-Share-Holding*) und durch den Austausch von Personal und Finanzen verbunden. Diese Minderheitsbeteiligung steigt jedoch nie über 5 %. Die Spitze der Keiretsu bilden keine Holdinggesellschaften, sondern die Präsi-dentenclubs und die Direktorengremien. Diese setzten sich aus den *Top-Leadern* der Banken und Großhandelshäuser (*Core Companies*) zusammen. *„Da die einzelnen Beteiligungen rela-tiv niedrig sind und keine einheitliche Leitung und Willensbildung unterstellt werden kann, handelt es sich nicht um einen Konzern, sondern lediglich um eine lose organisierte Unter-nehmensgruppe."* *(BREUER 2002:10).*

Vertikale Keiretsu, auch Industrie-Keiretsu genannt, zeichnen sich dagegen durch andere Charakteristika aus. Sie sind entweder völlig unabhängig von einer horizontalen Keiretsu, weisen vereinzelt Querverbindungen zu einer horizontalen Keiretsu auf oder haben ein festes Mitglied einer horizontalen Keiretsu. Der wesentliche Unterschied ist jedoch, dass sich hier ein Führungsunternehmen an der Spitze befindet. Die vertikalen Keiretsu sind hierarchisch im Verbund organisiert, sodass die einzelnen Unternehmen auf die Keiretsu-Führungsgesellschaft ausgerichtet sind. Marketing-/Distributions-orientierte Keiretsu *„umfas-sen ein komplexes Distributionssystem mit einer Vielzahl von Groß- und Einzelhändlern.'In general, supplier of those products do not have equity with the myriad of retail outlets for their products. In this regard, distribution-oriented groups are 'extended' enterprises rather than one group linked by equity relations'."* *(WAGNER 1997:75).* Produktions- Keiretsu sind hingegen vorrangig in Industriezweigen entstanden (Fahrzeug- und Maschinenbau) und setz-ten sich aus einer Zuliefererpyramide zusammen. Diese ist hierarchisch am Produkt oder der Produktlinie orientiert. Sie zeichnet sich daher durch eine vertikale Wertschöpfung, also einer Hersteller-Zulieferer-Subzulieferer-Beziehung aus.

Repräsentativ sind auch die vier wichtigsten Eigenschaften dieser Firmenverbände (vgl. MAHLICH/YURTOGLU 2006:28 ff), die in der Folge genauer betrachtet werden. Ein Vorteil der Keiretsu ist die Minimierung der Transaktionskosten, welche durch das Netzwerk der Unternehmen, ihre Anteilrechte und die langjährigen Geschäftbeziehungen bedingt wird. Eine effektive Koordination des Produktsystems und eine höhere Leistungsfähigkeit im Gegensatz zu anderen Unternehmensgruppen werden dadurch begünstigt. Eine weitere Eigenschaft der Keiretsu ist der Zugang zu Kapital und die integrierte Versicherungsfunktion. Der Zugang zu Kapital ergibt sich dabei daraus, dass sich die Keiretsu-Unternehmen um eine Bank gruppieren. Liquiditätsbeschränkungen und die Gefahr von *Credit Crunches* sinken. Gleichzeitig erfolgt durch *Cross-Share-Holding* eine wechselseitige Versicherung unter den Mitgliedern.

Die vierte Eigenschaft von Keiretsu ist die *Corporate Governance* Funktion. Sie ist eng mit der Überwachungs- und Kontrollfunktion der Banken verknüpft und ermöglicht das Eingreifen der Bank bei ökonomischen Schieflagen der Unternehmen.

Geschichtlich gesehen bildeten sich die Keiretsu nach dem zweiten Weltkrieg unter den amerikanischen Besatzern aus den Zaibatsu (übersetzt: *Finanzcliquen*) heraus.

Gruppenname	Ursprung/Typ	Größe
Mitsubishi **Mitsui** **Sumitomo**	Aus ehemaligen Zaibatsu hervorgegangen	„Großen Sechs"
Fuyo **DKB** **Sanwa**	Nach dem zweiten Weltkrieg neu Entstandene Banken Im Zentrum	
Tokai **IBJ**	Bank als Ausgangspunkt	Mittlere Größe

Abbildung 2: Horizontale Keiretsu (Quelle: KREFT 1993:290)

Die Keiretsu waren eine Möglichkeit die Anti-Trust-Gesetze zu umgehen, den wirtschaftlichen Bund jedoch beizubehalten. Drei der sechs großen Keiretsu gehen dabei auf die Zaibatsu (Familienkonzerne) vor dem zweiten Weltkrieg zurück. „*Die Auflösung der Zaibatsu schuf in Japan ein marktwirtschaftliches System freier Konkurrenz.*" *(WAGNER 1999:45).*

Das Ziel der US-amerikanischen Militärregierung war, auf der Rechtsbasis des *Anti-Monopoly-Act* (1947) eine Entflechtung und Dezentralisierung zu fördern. Nur wenige Unternehmen übernahmen auch wirklich diese Anordnungen. Die meisten änderten lediglich ihre Unternehmensformen dahingehend, dass sie die Unternehmensstruktur den Bestimmungen des *Anti-Monopoly-Act* angepasst wurden. Grundsätzlich verboten wurden jedoch die *Honsha* sowie Kapitalbeteiligungen. Doch schon Anfang der 1950 Jahre, als die US-militärische Besatzung langsam abgezogen wurde, schaffte es die Regierung hinter deren Rücken die Produktionskartelle wieder zu etablieren – natürlich nicht offiziell, sondern hinter vorgehaltener Hand: „[...] *MITI pressured a group of textile makers to limit their production and stick to offical quotes. This was exactly the kind of production cartel that had been common among the zaibatsu companies bevore war. [...] From the the minitry's 'unoffical' but unequivocally imperative 'administrative guidance' became a principal tool for reorganizing the economy and forcing uncooperative firms to get with the programm.*" (MIYASHITA/RUSSEL 1994:35).

In den folge Jahren veränderten sich schließlich die Investitionsmotive der Keiretsu. Standen in den 1950/60er Jahren noch die Entwicklung von Ressourcen, nationale Programme zur Industrialisierung und die Textilbranche auf dem Programm der Regierung und Unternehmen, kam es in den 1970er Jahren bereits zur Marktexpansion und die Umstellung auf Produkte aus dem technischen Bereich (Fernseher, Werkzeuge, Eisenproduktion). Der wirtschaftliche Aufschwung wurde durch die niedrigen Arbeits- und Produktionskosten unterstützt. Weiterhin profitieren die Nukleusunternehmen der vertikalen Keiretsu von der Auslagerung von Produktionen an Zulieferer (vgl. Abb.2). Unter dem Ölpreisschock halfen die Großbanken den horizontalen Keiretsu über die Krisensituation hinweg. In den 1980 Jahren wurde die nationale und auch internationale Marktexpansion fortgesetzt, nun lag der Fokus jedoch auf den ausländischen Direktinvestitionen in asiatischen Ländern und Entwicklungsländern. Weiterhin kam es zur Umstellung der Produktpalette: Die Automobilbranche war der neue Wachstumsmotor der Keiretsu. Nach dem Platzen der *Bubble Ecomony* mussten dagegen Kosten eher reduziert werden. Dies geschah durch die Verlagerung von Arbeitsplätzen ins Ausland und die Umstellung auf Produkte der Hightech-Industrie.

Zusammengefasst kann gesagt werden, dass innerhalb des japanischen Produktionssystems zwei verschiedene Orientierungen vorherrschend sind. Zum einen gibt es das traditionelle Konzept – *Global Sourcing*. Die Orientierung liegt hier auf den Billig-Lieferanten, verlängerten Werkbänken, hierarchischen Beziehungen innerhalb der Keiretsu sowie aus der Nutzung der globalen Differenzierung der Produktionsbedingungen. Räumlich gesehen heißt das, die Internationalisierung der industriellen Organisation. Das moderne Konzept orientiert sich dagegen eher an der Reduktion der Fertigungstiefe (bedingt durch die wirtschaftlichen und ökonomischen Entwicklungen). Dieser Trend zur *schlanken* Produktion bildet sich im Aufbau von Zuliefer-Netzwerken ab. Charakteristisch sind dafür sowohl hierarchische und marktförmige, als auch kooperative Beziehungen. Entscheidend für das moderne Konzept der Keiretsu ist die Produktionssynchrone Lieferung (*Just in Time*). Räumlich gesehen bedeutet dieses Konzept, Regionalisierung der industriellen Organisation. (vgl. KRÄTKE 1995: 210 ff)

2.2 Asienkrise

Die Asienkrise ist in ihrem Erscheinungsbild und ihren Erklärungsmustern komplex. Erst durch das Zusammenwirken mehrer Ereignisse, die in der Folge kurz erläutert werden sollen, konnte die Krise derartige Ausmaße annehmen und Auswirkungen verursachen.

In *„mehrfacher Hinsicht überraschend [...] kam für viele Beobachter und insbesondere für die in Asien Betroffenen"* (RIEGER 2000:17) die wirtschaftliche Krise. Unvorhersehbar war dabei vor allem die epidemische Ausbreitung auf mehrere asiatische Staaten und partielle Auswirkungen über diese Region hinaus. Der Ausgang der Asienkrise lässt sich dabei auf die Länder Südostasiens festlegen. Hier herrschten seit Beginn der 1990er Jahre ein starker wirtschaftlicher Aufschwung. *„Das Bruttoinlandsprodukt der asiatischen Schwellenländer Hongkong, Singapur, Taiwan und Südkorea war 1972 bis 1922 real durchschnittlich um 7,8 Prozent gewachsen, während die westlichen Industrieländer (1970 bis 1990) lediglich 2,9 Prozent zu verzeichnen hatten."* (BREUER 2002:275). Fatal war dabei die Kombination von *quasi-festen Wechselkursen* und steigenden Leistungsbilanzdefiziten. Gleichzeitige Vermögensinflationen im Bereich des Immobiliensektors und ein Kapazitätsüberhang im Industriebereich taten ihr Übriges (vgl. RIEGER 2000:17 f). Hinzu kamen die Befürchtungen, dass die *Bubble Economy* in Tokio aufgrund von Schwierigkeiten der japanischen Banken platzen könnte. Ausgangspunkt der Asienkrise ist dabei vor allem die Bankenkrise zwischen thailändischen und südkoreanisch/indonesischen Banken. Diese beiden Bankenkrisen belasteten die Aktienmärkte bis in das Jahr 1999 hinein. Das Erscheinungsbild der Asienkrise lässt sich vorrangig am Boom der Baubranche, der durch Banken und Finanzierungsgesellschaften finanziert wurde, festmachen. Bedingt durch die steigenden Grundstückspreise, stieg auch die Inflationsrate innerhalb der einzelnen Staaten an. Bedenken über den hohen Yen wurden dabei schon im Mai 1997 geäußert. Eine angedachte Zinserhöhung fand zwar nicht statt, alleine die Spekulation hatte jedoch ihre Wirkung auf die ausländischen Investoren. *„Viele Investoren begannen daher sogleich mit dem Abladen südostasiatischer Währungen"* (RIEGER 2000: 20). Nachdem epidemisch eine Reihe asiatischer Währungen abgewertet wurden, hatte die Asienkrise begonnen und griff, obwohl es sich um eine Finanzkrise handelte, auch auf die Binnenwirtschaften über. *„Ein Finanzmarkt, der im Ausland leicht zu besorgendes Geld immer wieder an dubiose Investitionsprojekte weiterleitete und dabei vielfach auch kurzfristige ausländische Kredite in langfristige einheimische Investitionsprojekte leitete, baute ein Kar-*

tenhaus auf, das bei gegebenem Anlass zusammenfallen und in Form einer Kettenreaktion ein Kreditinstitut nach dem anderen in die Pleite führen musste." (RIEGER 2000:23 f).

Allgemein lassen sich jedoch Komponenten des Erklärungsmusters für die Asienkrise festhalten (vgl. RIEGER 2000: 26 f):

1. Der starke Yen verursachte eine Auslagerung (*Out-Sourcing*) industrieller Produktionen in andere südostasiatische Länder. Japanische Investoren folgten damit europäischen und amerikanischen Investitionsbeispielen.

2. Durch ausländische Direktinvestitionen stiegen die Preise der Grundstücke und Immobilien drastisch an, was wiederum Investoren aus dem Ausland anlockte.

3. Aufgrund des asiatischen Börsen-Booms wurden ausländische Fonds angezogen - dieser Prozess beschleunigte zusätzlich die Krise.

4. Die bestehende wirtschaftliche Infrastruktur war von den hohen Wachstumsraten „überfordert", die Anlockung ausländischen Kapitals war die Folge.

Das Resultat dieser Ursachen war eine hohe Anzahl kurzfristiger Kreditaufnahmen. Differenziert betrachtet können die Ursachen der Asienkrise jedoch weiter spezifiziert werden. RIEGER (2000) teilt dazu die Komponenten des Erklärungsmusters in interne und externe Faktoren auf.

	Extern	**Intern**
„Fundamental"	Globalkonjuktur, Globalisierung	Staatshaushalt, Handelspolitik, Geldpolitik
Wechselkurs	Plaza-Abkommen, Entwicklung der Leitwährung	Wechselkursregime: Feste bzw. quasifeste Wechselkurse weitgehend gebunden an den US-Dollar
Kapital	Kapitalvolatilität, großes Kapitalangebot, das kurze Fristen bevorzugt	Kapitalnachfrage bevorzugt lange Fristen, Intermediation des Finanzmarktes
Investitionsentscheidungen	Kurzfristiges Kapital sucht liquide Anlageformen (Börse)	Investition in non-tradabels; „Asset bubble"; ungenügende Projektführung
Handel	Steigende Wettbewerbsfähigkeit	Sinkende Wettbewerbsfähigkeit
Institutionen	Fehlen einer globalen Finanzarchitektur	Fehlen ausreichender Bankstandards; mangelnde Bankenaufsicht

Grundlegende Werte	Spekulationen	Kungelei, „cronysim", Korruption, Nepotimus
Ansteckung	Anstecken (contagion)	Angesteckt werden (Ausnahme Thailand)
Herdentrieb	Run auf die inländische Währung	Run auf inländische Kreditinstitute

Abbildung 3: Komponenten des Erklärungsmusters (Quelle: RIEGER 2000:32)

Das Erklärungsmuster fasst demnach das Problem folgendermaßen zusammen: Zu Beginn der Prozesskette, die zur Krise geführt hat, stehen die Finanzintermediären. Sie besitzen eine scheinbare Garantie, sind jedoch nicht vom Staat kontrolliert. Die Tatsache beinhaltet das so genannte Moral-Hasard-Problem. Durch die Ausgabe von risikobehafteten Krediten kommt es zu einer Preis- und Vermögenswerten-Inflation (*Asset Infaltion*). Davon ausgehend bildet sich in der Folge ein Zirkel der Investitionen; riskante Kredite treiben die Immobilien- und Vermögenspreise in die Höhe. Die finanzielle Basis der Intermediäre erscheint stabil. Platzt diese *Bubble Economy* kommt es zu einer *top-down* Spirale: Fallende Vermögenswerte offenbaren die wirkliche Situation der Intermediäre. Konkurse und weitere Vermögenseinbrüche sind die Folge. „*Dieser zirkuläre Prozess kann sowohl die bemerkenswerte Schärfe der Krise [...] sowie auch das Phänomen der Ansteckung zwischen den Volkswirtschaften, die ansonsten keine sichtbare Vernetzung aufweisen, erklären.*" *(RIEGER 2000:33)*. Im engen Zusammenhang mit der Asienkrise ist die *Bubble Economy* zu sehen, die direkt für die Krise 1997 verantwortlich ist.

2.3 „Bubble Economy"

Die Volkswirtschaft Japans wurde Ende der 1980er Jahre mit dem Begriff „*Bubble Economy*" bezeichnet. Kennzeichnend für eine *Bubble Economy* ist der vorübergehende Gewinn der japanischen Volkswirtschaft durch eine Spekulationsblase. Durch die Überbewertung von Geldanlagen, wie zum Beispiel Aktien oder Immobilien, werden der Konsum sowie die Investitionen gesteigert. Grundlegend ist dabei die niedrige Verzinsung von Krediten. WESTHOFF (1999) definiert den Prozess folgendermaßen: „*Unter eine `Bubble` wird ein Prozess verstanden, bei dem die durch fundamentale Größen gerechtfertigte und die tatsächliche – durch spekulative Elemente beeinflusste – Entwicklung voneinander abgekoppelt sind. Ein Bubbleprozess ist selbstverstärkend, da die Marktteilnehmer zu gleichgerichtetem Verhalten tendieren.*" *(WESTHOFF 1999:24).*

Die *Bubble Economy* Japans (1988-90) konnte erst durch das Plaza-Abkommen von 1985 entstehen, bei dem die G7 zugunsten des Yen eine Abwertung ihrer Währung vornahmen. In der Folge schnellten die Vermögenswerte und Preise des japanischen Marktes in die Höhe. Die Auslöser der japanischen *Bubble* können weiterhin nach WESTHOFF (vgl. 1999:24) folgendermaßen identifiziert werden:

1. Das volkswirtschaftliche Umfeld wurde ab Mitte der 1980 Jahre positiv beurteilt, sodass die Wirtschaftsprognosen und die Unternehmensgewinne steigende Tendenzen aufwiesen.

2. Die japanische Notenbank senkte nach dem *Plaza-Abkommen* die Zinssätze, um so den Exportsektor zu entlasten und den Kursanstieg abzubremsen. Gleichzeitig erhöhte sich jedoch die Zahlungsfähigkeit der Märkte und dessen Attraktivität auf die Investoren.

3. Die Liberalisierung der weltweiten Finanzmärkte erlaubte dem japanischen Markt auch Risikomärkte zu erschließen.

Die daraus resultierenden Konsequenzen waren steigende Vermögenswerte. Erst gegen Ende der 1980er Jahre kam schließlich die „Ernüchterung"; die Preisanstiege wurden nun als überhöht angesehen. Durch verschiedene politische Maßnahmen und in Zusammenarbeit mit den Keiretsu-Unternehmen sollte das bevorstehende Platzen der *Bubble* gemindert werden. Besonders hart traf es den Finanzsektor der japanischen Volkswirtschaft, der infolge von Fehlinvestitionen und Fehlspekulationen viele Banken in den Konkurs trieb. Die „*Postbubble-Phase*" zeichnete sich durch geringes wirtschaftliches Wachstum und Umstrukturierungsprozesse aus (vgl. WESTHOFF 1999:24 f). Der Versuch, die Auswirkungen der geplatzten Bubble zu mildern, endete schließlich 1997 mit dem Zusammenbruch mehrer Handelshäuser. Die Banken hatten ihre Kredite gedrosselt, was schließlich auch zum Konkurs vieler japanischer Banken führte (siehe Asienkrise). Erst ein Jahr später 1998 griff die japanische Regierung ein und verstaatlichte die Bank of Japan und die Nippon Credit Bank. Um das angeschlagene Bankensystem wieder zu stabilisieren, leitete der Fiskus 1998/99 eine Rekapitalisierung der Banken ein. Das Eigenkapital der Bankhäuser konnte dadurch entschieden verbessert werden. (vgl. BREUER 2002:267 f)

3 Bedeutung der Keiretsu für die japanische Volkswirtschaft

3.1 Einfluss auf die Volkswirtschaft bis zur Asienkrise

Bis zur Asienkrise 1997 waren die Unternehmenskonglomerate (Keiretsu) das Rückgrat der japanischen Volkswirtschaft. Im Vordergrund steht dabei der interne Handel. Dieser unterscheidet sich jedoch in seiner Bedeutung. So gilt der interne Handel in den Keiretsu, die aus den Vorkriegszaibatsu hervorgegangen sind, als Hauptmerkmal. Diese Unternehmenskonglomerate konnten aber nur durch die ausgeprägten Netzwerkstrukturen eine derart hohe Bedeutung für die japanische Wirtschaft entwickeln. Prägend sind die Zusammenarbeit der Politik, der Wirtschaft und der Ministerialbürokratie *(Kanryo)*. *„Es galt als ausgemacht, dass die organisierten Interessen der japanischen Wirtschaft direkten Einfluss auf die politischen Entscheidungsträger ausüben konnten."* *(WAGNER 1997:95).* Das Bindeglied der Bürokratie sind die Wirtschafts- und Unternehmensverbände, die sich als Dialogpartner mit der japanischen Regierung und dem Ministerialbüro beraten, Positionen angleichen und Absprachen treffen. Diese Beziehungen hatten bis in die 1980er Jahre hinein eine große Bedeutung (für die japanische Volkswirtschaft). WAGNER (1997) unterscheidet für das Beziehungsnetzwerk zwischen den Unternehmensverbänden und der Politik bzw. dem Ministerialbüro zwischen drei typischen Verbandsformen:

- *„Der erste Typ befasst sich mit allgemeinen ökonomischen Problemen wie Produktions-, Absatz-, Finanz-, Steuer-, Außenhandels- und Währungspolitik.*

- *Beim zweiten Typ steht die Sozialpolitik im Mittelpunkt, etwa die Arbeitgeber-Arbeitnehmer-Beziehungen oder die soziale Sicherung.*

- *Der dritte Typ befasst sich wie der erste mit allgemeinen wirtschaftlichen Problemen, allerdings mit besonderer Betonung der Zukunftsorientierung."* (WAGNER 1997:98).

Die Grundlagen dieser Netzwerkbeziehungen liegen vorrangig in der personalisierten Informalität. Dieses Instrument der staatlichen Lenkung beinhaltet kooperative Planungen der Ministerien und Unternehmen. Inhalte dieser kooperativen Planungen können beispielsweise Expansionen oder Schrumpfungen von Unternehmens- und Wirtschaftszweigen sein. Gelegentlich kann auch nach Absprachen das Wettbewerbsrecht außer Kraft gesetzt wird bzw. eine Zulassung von Kartellen und FuE-Branchen beschlossen werde. Die Informalität erschwert außerdem ausländischen Firmen die Etablierung innerhalb der japanischen Wirtschaft.

Ein weiteres Element der japanischen Volkswirtschaft sind die so genannten *BINGOs* (*Buiness-Orientated International Non-Governmental Organisations*). Möglich wurden diese durch die Investitionen der japanischen Keiretsu-Unternehmen im Ausland. Die politische und volkswirtschaftliche Relevanz der *BINGOs* ergibt sich einmal aus dem Entscheidungsverhalten der Untenehmen und der Ministerialbürokratie und auf der anderen Seite aus der spezifischen Vorhergehensweise. THE ECONOMIST benennt dazu zwei Ursachen, die diese Struktur pointieren : „*Firms have natural home-country bias, with the big decisions kept frimly at home*" und "*Such corporate monsters could act like cartels [...] But most important of all is the problem of nationalism. Nobody likes foreigners controlling their insdutries*" (*THE ECONOMIST 1993:69*).

In diesen Aussagen bündelt sich die Bedeutung der Keiretsu für die japanische Volkswirtschaft. Zum einen finanzieren die Keiretsu-Unternehmen ihre geringe nationale Rentabilität durch ausländische Direktinvestitionen und schotten gleichzeitig durch die Netzwerkbeziehungen zur Politik und der Ministerialbürokratie die nationale Wirtschaft vor ausländischen Unternehmen ab. Möglich wird dies jedoch nur durch die verschiedenen Keiretsu. Besonders horizontale Keiretsu, die bewusst versuchen in jeder wichtigen Branche ein Unternehmen zu platzieren, decken fast den gesamten Nachfragebedarf des japanischen Marktes ab. Zugleich bedeutet die Keiretsu-Struktur einen gewissen Grad an Sicherheit für die Volkswirtschaft.

Denn der Verbund der Unternehmen mit den Banken und Versicherungen garantiert, dass auch in wirtschaftlich schwachen Zeiten (vgl. Asienkrise) keinem Unternehmen der Keiretsu-Gruppe dem Konkurs bevorsteht. Gleichzeitig können die Banken und die Generalhandelshäuser als „unbegrenzte" Quelle von Kapital angesehen werden. Parallel sichert diese Koordinierungs- und Finanzierungsfunktion (z.B. *Cross-Share-Holding*) die Keiretsu-Unternehmen vor der Übernahme durch ausländische Investoren.

Durch die ausländischen Direktinvestitionen sichert sich der japanische Wirtschaftsmarkt zugleich den Zugang zu Ressourcen und Anteilen ausländischer Firmen, wodurch Produktionen zu festen Preisen und der Importbedarf gedeckt werden. Der Export diente damit als Überschussmotor für die Volkswirtschaft. Die produktionsorientierten Auslandsinvestitionen stehen jedoch stets im Verbund mit der nationalen Wirtschaft und bilden somit auch die Grundlage der Umstrukturierungsprozesse. WAGNER (1997:119) bezeichnet diesen Prozess als

„sequential catching-up development of manufacturing". Gemeint ist damit der strukturelle *up-grading* Prozess des Verarbeitenden Gewerbes auf der Grundlage der Leicht- und Schwerindustrie, hin zu hochwertigen Industriebranchen. Der Aufbau des Verarbeitenden Gewerbes *(high added Industries)* wurde dabei unter Berücksichtigung des volkswirtschaftlichen- und technischen Entwicklungsstandes unternommen. Entscheidend für diesen Umstrukturierungsprozess ist auch hier wieder die Zusammenarbeit des MITI, den Industrieunternehmen und der Ministerialbürokratie. Letzteres setzt dabei den Handlungsrahmen der Volkwirtschaft fest. Die Industrieunternehmen setzten diese Rahmenbedingungen dann innerhalb der Keiretsu um. Eine wichtige Rolle spielt in diesem Zusammenhang auch der *know-how-Transfer* sowie *Joint-Ventures* mit ausländischen Unternehmen, in denen Direktinvestitionen getätigt wurden. Eine weitere Folge der steigenden Direktinvestitionen war das *Hollowing-Out* von *low added Industries* ins Ausland.

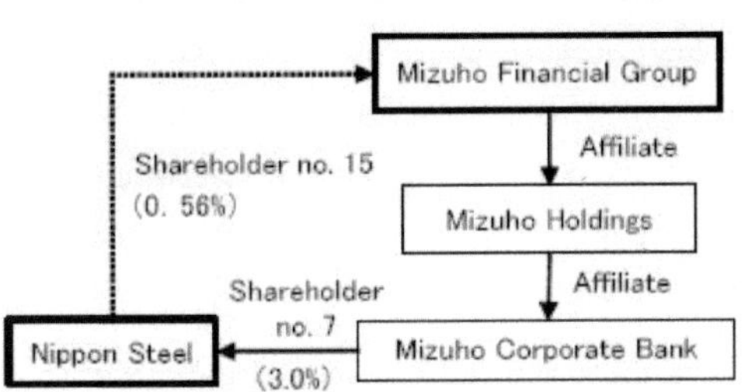

Abbildung 4: Beispiel von Cross-Share-Holding bei Keiretsu (Quelle: KUROKI 2003:3)

Unterstützung fand dieser Umstrukturierungsprozess der nationalen Volkswirtschaft in den Handelsbeziehungen zu den USA. Japan ermöglichte den USA während des Vietnamkriegs eine *„erweiterte Werkbank"*. Im Gegenzug öffneten die USA ihren Markt für japanische Produkte. Die gleichzeitige Abschottung der Keiretsu-Unternehmen, sowie die Aufwertung des Yen, bei synchronem Anstieg der ausländischen Direktinvestitionen und Gewährung waren schließlich ein Grund der starken Auswirkungen der Asienkrise auf die japanische Volkswirtschaft. Ohne die Keiretsu-Unternehmen, die eine „Puffer-Wirkung" auf die Auswirkungen der Asienkrise hatten, wären die Folgen des *Hollowing-Out* und der faulen Kredite noch stärker ausgefallen. Andererseits wird auch deutlich, dass die japanische Wirtschaft ohne die Keiretsu-Struktur vielleicht erst gar nicht in diese verheerende Lage gekommen wäre.

Die geplatzte Bubble in den 1990er Jahren, eine damit verbundene Rezession in den Folgejahren und die daraus resultierende Asienkrise, hatten große Auswirkungen auf die Unternehmenskonglomerate. Da die Keiretsu um Großbanken gruppiert sind und diese nicht von der Bankenkrise ausgespart wurden, kam es zu der Situation, dass die Main Banks der horizontalen Keiretsu nicht mehr in der Lage waren ihre Unternehmen vor der Krise ausreichend zu schützen. *„Die Banken veränderten ihr Verhalten in Bezug auf die Kunden deutlich."*

(BREUER 2002:269; zitiert nach NAKAMOTO/FROMME 2000:19). Weiterhin belastet wurde die japanische Volkswirtschaft durch die Finanzierung über Wandel- und Optionsanleihen. Problematisch war dies im Bezug auf die nach 1990 fälligen Tilgungen dieser Anleihen. Von den Folgen waren nicht nur Banken und Handelshäuser betroffen, sondern auch privates Kapital, was den volkswirtschaftlichen Konsum schmälerte. (vgl. BREUER 2002:257 ff)

3.2 Einfluss auf die Volkswirtschaft nach der Asienkrise

Die Folgen der Asienkrise hatten jedoch noch weitere Auswirkungen auf die japanische Volkswirtschaft. Nach der Asienkrise war es nun wieder erlaubt Holdings zu gründen. Diese Unternehmensstruktur war nach dem zweiten Weltkrieg verboten worden. Weiterhin erfolgte eine Liberalisierung des Finanzmarktes Die daraus resultierenden Fusionen, der in Not geratenen Banken, konnten die Folgen der Asienkrise zwar abschwächen, jedoch nicht wettmachen. Nach dem Prozess der Konsolidierung des Bankwesens können vier Großbanken für Japan benannt werden: Mitsubishi Tokyo Financial Group Inc., Mizuho-Holding, Sumitomo Mitsui Bank Corp. Und die UFJ-Holding. Alle dieser Banken-Holdings haben einen Keiretsu-Hintergrund. Weiterhin befinden sich diese vier Banken zusätzlich unter den sechsten größten Banken des Welthandels.

Weitere Auswirkungen der Asienkrise konnte die japanische Volkswirtschaft im Bereich Export bemerken. Zum einen war der Export der „Überschussmotor" der japanischen Wirtschaft, zum anderen waren eben die Länder, in die Japan vorwiegend exportierte, von der Asienkrise betroffen. *„Die abgeschwächte Nachfrage der südostasiatischen Länder setzte damit der japanischen Wirtschaft besonders hart zu. Davon tangiert wurden vor allem auch die Kernunternehmen der vertikalen Keiretsu, da sie besonders exportorientiert sind." (BREUER 2002:278).* Fasst man das Ausmaß der Asienkrise zusammen, ergeben sich für die japanische Volkswirtschaft folgende Probleme, die in den Folgejahren bewältigt werden mussten (vgl. WESTHOFF 1999:23):

- Eine hohe Verschuldung des privaten und öffentlichen Sektors,

- eine daraus resultierende Deflationsphase und Rezession, die eine steigende Zahl von Konkursen bedingt,

- eine Überalterung der japanischen Gesellschaft (demographischer Wandel)

- sowie ein hohes Maß an staatlicher Regulierung, das die Produktivität und den Wettbewerb mindert.

Die Stagnation der Volkswirtschaft sowie Bankenfusionen konnten nicht ohne Folgen für die Organisation und den Verbund der Keiretsu bleiben. Die Reaktionen auf die Krise der Großhandelshäuser waren jedoch unterschiedlich: *„Überlebenskünstler wie Mitsubishi Shoji diversifizierten upstream in der Ressourcenerschießung als integrierter Rohstoffkonzern und downtream mit Restaurant-Ketten wie Kentuky Fried Chicken und den Sutor Coffee Shops am Ende der Wertschöpfungskette direkt an den Verbraucher. [...] Andere versuchten sich mit Vertragsfertigungen, Entwicklungsprojekten [...], Rechnung des Außenministeriums, Realtauschhandel zwischen Entwicklungsländern, dem Bau und Betrieb von Tourismuskomplexen und Golfplätzen und der Zaitech-Spekulation."* (ROTHACHER 2007:23).

Echte Umstrukturierungsmaßnahmen und Reformen blieben jedoch größten Teils aus. Lediglich die Binnenorganisation wurde verändert. So erhöhten die vertikalen Keiretsu beispielsweise die Fertigungstiefe im Stammunternehmen. Dies führte jedoch zu einem erhöhten Kostendruck bei den Zulieferbetrieben. Von Seiten der japanischen Regierung versuchte man mit Konjunkturprogrammen die Volkswirtschaft nach der Asienkrise wieder in Gang zu bringen. Da nach japanischem Recht einem Haushaltsausgleich eine Steuererhöhung, bzw. Ausgabenkürzung folgen muss, erhöhte sich die Staatsverschuldung enorm. Japan steht aus diesem Grund heute vor einem Dilemma. Durch die hohe Verschuldung wird die wirtschaftspolitische Handlungsfähigkeit geschmälert, was fiskalische Impulse – die dringend notwenig wären – verhindert. Die durch die Verschuldung entstandene Steuerbelastung ist ein weiteres Hemmnis der Volkswirtschaft. Der maximale Einkommensteuersatz beträgt 65 %, die Mehrwertsteuer bei 5 %. Die dadurch bedingten Belastungen für das private Einkommen führten wiederum zu einer Senkung des Konsums. Weiterhin erschwerten die traditionellen japanischen Wirtschaftsstrukturen – als die Keiretsu – das Überwinden der Krise. Konzeptionell und strukturell ist das Wirtschaftssystem zum Wohl der Produzenten und zu Lasten der Konsumenten ausgerichtet. Importe werden als Bedrohung der Binnenwirtschaft angesehen, Exporte hingegen sind der Motor der Wirtschaft. Anstelle von Wettbewerb herrschen jedoch überwiegend Kartelle vor, die vom Staat gefördert und unterstützt werden. *„Die Netzwerkökonomie, die alles in einer Hand organisiert, mochte sinnvoll gewesen sein, als Kapital- und Arbeitsmärkte fehlten. Sie ersetzte funktionierende Märkte und gab Planungssicherheit. Heute verhindert sie jedoch Impulse, die nur offene Märkte geben können. Obwohl Japan im internationalen Vergleich niedrige Zölle aufweist und praktisch keine Kontingente für Importwaren kennt, ist es dem bislang kaum fassbaren Geflecht von Industrie, Handel und Bürokratie*

gelungen, die Auslandskonkurrenz auf den Binnenmärkten in eine Nebenrolle zu drängen."
(WESTHOFF 1998:10).

Die Frage, die sich nun stellt, ist, warum die horizontalen Keiretsu immer noch existieren und wie sich die vertikalen verändern werden.

3.3 Entwicklungstendenzen – das „Keiretsu-Problem"

Die jüngsten Entwicklungen zeigen, dass sich die Struktur der Keiretsu verändert. *„Mizuho's capital-raising shows that keiretsu ties are weakning. Links between group frims have been eroding for years: witness the dramatic fall in the proportion of cross-shareholdings in Japan over the past decade" (THE ECONOMIST 2003:60).*

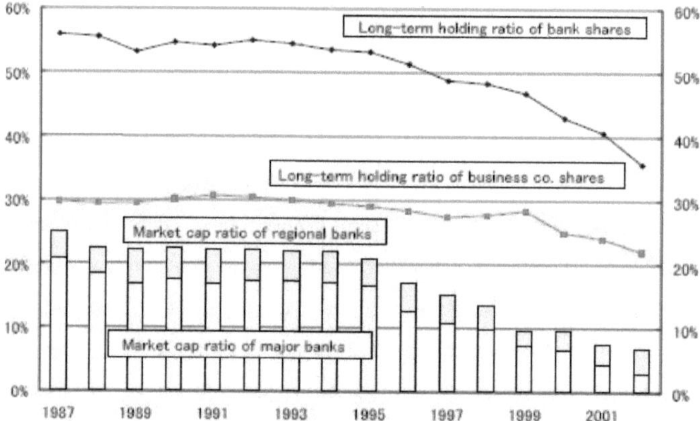

Abbildung 5: Langzeit cross-shareholding bei Banken und Unternehmen (1987-2002) (Quelle: KUROKI 2003:7)

Diese Entwicklung lässt sich sicherlich auch am Bedeutungswandel der Keiretsu nachvollziehen: *„In the past, the keiretsu were [...] a source of strenge: their monthly meetings helped group firms to exploit some of the synergies of a conglomerate without the massive inefficiencies that come from merging different corportae structures. But these days keiretsu ties are no longer constructive. They are being used to contain damage, and are a source of weakness as they slow down change." (THE ECONOMIST 2003:60).*

Gründe für die sinkende Bedeutung der Keiretsu sind sicherlich auch in der geringen Flexibilität des Arbeitsmarktes, der nötigen Öffnung des Binnenmarktes und der Öffnung hin zum globalen Markt, zu finden. Bedeutsam sind in diesem Zusammenhang auch die veränderten Marktbedingungen. Nicht mehr der japanische Markt dominiert im Billig-Produktionssektor, sondern Schwellen- und Entwicklungsländer wie Indien und China. Ausländische Direktinvestitionen fließen daher eher in andere Märkte. Den Anfang für diese Entwicklung hat Japan dabei sicherlich auch mit zu verantworten – denn schließlich hat auch Japan in solche Märkte investiert.

Die Keiretsu-Strukturen sind zudem immer noch sehr abschreckend und undurchsichtig für die ausländischen Investoren. Zwar haben sich die Bedeutung und auch den Verbund der Unternehmen abgeschwächt, ausländische Investoren stehen jedoch nie vor einem großen, dominanten Einzelnunternehmen, sondern immer vor einem Unternehmenskonglomerat, das staatlich kontrolliert wird. Der Einstieg in diese Struktur ist immer noch sehr schwer – auch weil die Japaner an ihren gesellschaftlichen und unternehmerischen Strukturen (lebenslanger Beschäftigung etc.) festhalten wollen. *„The biggest problems foreingn frims find in japan are not the domination of a single business by the keiretsu companies, but rather control by industial cartels, often sondonend ans sometimes supported by the goverment."* *(MIYASHITA/RUSSEL 1994:207).* Ein weiteres Problem sind die sozikulturellen und demographischen Veränderungen, die auf das System Keiretsu einwirken. Die Bevölkerung Japans wird immer älter und mit ihr auch die Idee der Loyalität und Treue zu einem Unternehmen – lebenslang. *„Coporate loyalty is eroding as recent hires quit more often"* *(KUNII 1999:37).* Beschleunigt wird dieser Prozess zusätzlich durch steigende Entlassungswellen, um weltweit konkurrenzfähig zu bleiben. Auch Kooperationen unter den Unternehmen der einzelnen Keiretsu wären früher undenkbar gewesen und werden heute immer mehr zu Alltag: *„[...] form alliances with companies in other keiretsu. `That´s something we could never have dreamed of several month ago [...]."* *(KUNII 1993:38).*

4 Zusammenfassung

Zusammengefasst gilt, dass der japanische Begriff *Keiretsu* eine Gruppe bzw. einen Zusammenschluss von Unternehmen definiert, die sich durch ihr Netzwerk und gemeinsame Unternehmensstrategien auszeichnet. Kennzeichnend ist dabei keine einheitliche Willensbildung. Keiretsu können in zwei Haupttypen differenziert werden: horizontale und vertikale Keiretsu. Letzteres ist weiter in produktions-orientierte und distributions-/marketing-orientierte Keiretsu untergliedert. Der horizontale Keiretsu ist gruppiert um eine Großbank (*Mainbank)* und umfasst zudem ein Großhandelshaus (*Sôgô Shôsha).* Charakteristisch sind das *One-Set-Principle* , das *Cross-Share-Holding* sowie die personellen Verflechtungen (vgl. 2.1 Keiretsu). Vertikale Keiretsu hingegen unterscheiden sich durch den hierarchischen Verbund, der auf ein Führungsunternehmen ausgerichtet ist. Die Wertschöpfung einer Hersteller-Zulieferer-

Subzulieferer-Beziehung zeichnet das vertikale Keiretsu aus. Gemeinsame Vorteile der Keiretsu sind:

- Die Minimierung der Transaktionskosten durch die Netzwerkstruktur, Anteilrechte und langjährige Geschäftsbeziehungen, wodurch eine effektive Koordination des Produktsystems und höhere Leistungsfähigkeit garantiert sind.

- Der Zugang zu Kapital und die Versicherung durch die Gruppierung um eine *Mainbank* und das *Cross-Share-Holding*. Liquiditätsbeschränkungen und die Gefahr von *Credit Crunches* sinken.

- Durch die etablierten Hersteller-Zulieferer-Subzulieferer-Beziehung-Strukturen, können verlängerte Werkbänke, *Just-in-Time* Produktionen etc. ermöglicht werden. Dies führt wiederum zur Minimierung der Transaktionskosten (s.o.).

Weiterhin beinhalten die japanischen Produktionssysteme zwei verschiedene Orientierungen. Zum einen existiert das traditionelle Konzept des *Global Sourcing*. Hier liegt die Orientierung auf Billig-Lieferanten, verlängerten Werkbänken und hierarchischen Beziehungen, die sich in den *schlanken Produktion* sowie in den Zuliefernetzwerken ausdrückt (s.o.). Beim modernen Konzept hingegen ist die Produktionssynchrone Lieferung entscheidend. Hier spielt Regionalisierung und Organisation eine entscheidende Rolle. Diese komplexen Zusammenhänge können Abbildung 6 entnommen werden.

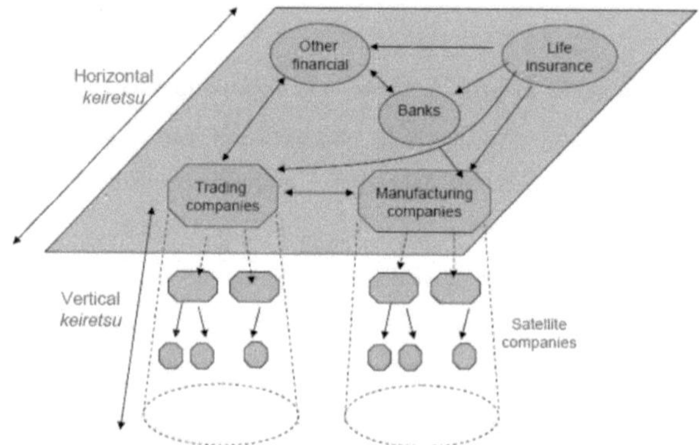

Abbildung 6: Basiselemente der Keiretsu (Quelle nach: DICKEN (GLOBAL SHIFT) 2003:230)

Für die japanische Volkswirtschaft bieten die Keiretsu einen gewissen Grad an Sicherheit, die durch die Netzwerkstrukturen entsteht.

Die Auswirkungen der *Bubble Economy* und der Asienkrise auf die japanische Volkswirtschaft können wie folgt zusammengefasst werden. Die japanische *Bubble* konnte erst durch das Plaza-Abkommen von 1985, der Yen-Aufwertung bei gleichzeitiger Leitzinssenkung (japanische Notenbank), der positiven Beurteilung der Volkswirtschaft und damit verbundenen steigenden Unternehmensgewinnen und steigender Zahlungsfähigkeit sowie der Liberalisierung der Finanzmärkte und der damit verbundenen Möglichkeit Risikomärkte zu erschließen, entstehen (vgl. 2.3 *„Bubble Economy"*). Große Auswirkungen hatte das Platzen der *Bubble* vor allem auf den asiatischen Markt. Der Konkurs mehrerer Großbanken durch *faule* Kredite, offenbarte die reale Situation der Intermediäre. Die daraus entstehende *top-down* Spirale führte zu fallenden Vermögenswerten und zu weiteren internationalen Konkursen. Allgemein lassen sich jedoch folgende Ursachen als Auslöser der Asienkrise festhalten: *Out-Sourcing* durch starken Yen, Anstieg der Vermögenswerte und damit verbunden steigende ausländische Direktinvestitionen. Der daraus resultierende Börsen-Boom in Asien und die Überforderung der Infrastruktur verschärften die Folgen weiter.

Die traditionelle Bedeutung der Keiretsu kann mit dem Begriff „Rückgrat" zusammengefasst werden. Prägend ist in diesem Zusammenhang das Netzwerk aus Politik, Wirtschaft und Ministerialbürokratie. Bindeglied zwischen diesen Komponenten ist vor allem die personalisierte Informalität, als staatliches Instrument der Lenkung. Inhalte des Netzwerkes sind beispielsweise Expansionen, Wettbewerbsrechte etc. (vgl. 3.1 Einfluss auf die Volkswirtschaft bis zur Asienkrise). Ein weiteres Element der japanischen Keiretsu-Strukturen sind die BINGOs. Sie ermöglichen japanische Investitionen im Ausland und dienen als Ausgleich zur geringen Rentabilität der Keiretsu. Als Stabilisator der Volkswirtschaft haben sie theoretisch unbegrenzten Zugang zu monetären Mitteln sowie den Schutz der *Mainbank*. Die produktionsorientierten Auslandinvestitionen stehen außerdem im Verbund mit der nationalen Wirtschaft (vgl. Abb.6), sodass sie auch Grundlage für Umstrukturierungsmaßnahmen sind. Vorgegeben werden diese durch das MITI in Form von Jahresplänen, die schließlich durch die Unternehmen umgesetzt werden. Der Transfer von *Know-How* und *Joint-Ventures* sind dabei ein wichtiges Element.

Nach dem Platzen der *Bubble* beginnt eine Rezessions-Phase in Japan, die in der Asienkrise 1997 gipfelt. Die Auswirkungen auf die Unternehmenskonglomerate sind aufgrund der Gruppierung der horizontalen Keiretsu um die *Mainbank* enorm. Die ehemals intendierte Versicherungsfunktion und der potentielle Zugang zu Kapital waren nun nicht mehr gegeben. Die Fusionen der Banken und die verminderte Bereitschaft Kapital bereitzustellen führte zu Entlassungen und Zusammenlegungen von Keiretsu-Unternehmen. Am härtesten bekamen es jedoch die Kleinunternehmen (Subzulieferer) zu spüren. Durch Erhöhung der Fertigungstiefe und Diversifizierung des *up-stream* in der Ressourcenerschließung sollten die Probleme der Asienkrise überwunden werden. Augrund der hohen staatlichen Verschuldung und staatlichen Wettbewerbsregulierung konnten die Maßnahmen aber nur langsam wirken.

Jüngere Entwicklungen zeigen hingegen, dass die internen Umstrukturierungen teilweise erfolgreich waren, die Bedeutung der traditionellen Keiretsu für die japanische Volkswirtschaft jedoch gesunken ist (vgl. Abb.5). Unterstützt wird dieser Bedeutungswandel auch durch die Verschiebung des Marktes nach Zentralasien. Japans Aufgabe wird somit sein, für die Zukunft die Keiretsu aufzugeben oder ihre Strukturen dem modernen und zukünftigen Marktansprüchen anzupassen.

Literaturverzeichnis

BREUER, W. 2001: Keiretsu und Markterfolge. Japanische Unternehmensgruppen auf internationalen Märkten seit dem Zweiten Weltkrieg (= Wirtschaftsgeographie und Wirtschaftsgeschichte, Bd.9). Lohmar, Köln: Josef Eul.

DICKEN, P. 2003: Global Shift. Reshaping the global economic map in the 21th century. 4. Auflage. London [u.a.]: Sage.

THE ECONOMIST (Hrsg.) 2003: Japan´s Keiretsu. Undone, 22(3). London, New York: The Economist.

KRÄTKE, S. 1995: Globalisierung und Regionalisierung. In: Geographische Zeitschrift, 83(3/4). S.207-221.

KREFT, H. 1993: Die Keiretsu. Rückgrat der japanischen Wirtschaft. In: POHL, M. (Hrsg.): Japan 1992/93. Politik und Wirtschaft. Hamburg: Institut für Asienkunde. S.288-302.

KUNII, I. 1999: The Fall of a Keiretsu. In: Business Week, 15(3). S.34-38.

KUROKI, F. 2003: The Relationschip of Companies and Banks as Cross-Shareholdings Unwind – Fiscal 2002 Cross-Shareholding Survey. Tokio: NLI Research Institut.

LESER, H. (Hrsg.) 2005: Diercke. Wörterbuch der Allgemeinen Geographie. 13. Auflage. Braunschweig, München: Deutscher Taschenbuch Verlag.

MAHLICH, J.; YURTOGLU, B. 2006: Investitionsdeterminanten in Japan – die Rolle der Keiretsu. In: PASCHA, W. (Hrsg): Herausforderung Ostasien. Wiesbaden: Gabler. S.26-45.

MIYASHITA, K; RUSSEL, D. 1994: Keiretsu. Inside the hidden japanese conglomerates. A revealing look at the great corporate groups at the heart of Japan´s industrial strngth. New York [u.a.]: Mc Graw-Hill.

RIEGER, H. 2000: Erscheinungsbild und Erklärungsmuster der asiatischen Wirtschaftskrise. In: SCHUBERT, R. (Hrsg.): Ursachen und Therapien regionaler Entwicklungskrisen – Das Beispiel der Asienkrise. Berlin: Duncker und Humboldt. S.17-36.

ROTHACHER, A. 2007: Die Rückkehr der Samurei. Japans Wirtschaft nach der Krise. Berlin, Heidelberg, New York: Springer.

WAGNER, M. 1997: Impulse im Internationalen System. Japans keiretsu-Gruppen als Business-oriented International Non-Governmental Organisations (BINGOs) im Globalisierungsprozess. München: Universität (Dissertation).

WESTHOFF, F. 1999: Japan in der Krise. In: Bundesinstitut für Ostwissenschaftliche und internationale Studien (Hrsg.): Asienkrise, Demokratie, Nationalismus. Neue Wechselwirkung zwischen Politik und Ökonomie in Ostasien. Köln: keine Angabe. S.23-28.

WESTHOFF, F. 1998: Japans Niedergang und die Hilflosigkeit der Politik. In: Orientierung zur Wirtschafts- und Gesellschaftspolitik, 77(3). S.6-11.